A gift of love

Eleventh Edition

第十一版

文爱艺爱情诗集

简子页・拢线装

文爱艺 著

北京航空航天大学出版社

出版说明

本书是著名诗人文爱艺先生最新出版的爱情诗精选集。

文爱艺的诗集，受到广大读者的喜爱，再版不断，获国内外各种大奖数次。

本书出版以来，连获 2016 年、2017 年“中国最美图书”奖，被誉为“爱情圣经”，是情侣、友人互相馈赠收藏的理想礼物。

本书共选编 52 首充满柔情、浪漫的爱情诗，是从作者已出版的 60 多部诗集中精选而成的，选编时作者做了必要的删改，使作品更加完美。

文爱艺的诗，畅销 30 余年，发行量已逾 900 余万册。

他的诗被誉为“用诗建造的可以对话的青春偶像”“是精神家园中与人共同呼吸的草坪”；既吸收了传统表达方式，又融会了现代表现技巧，是传统与现代的优秀结合；音韵优美，充满了诗人对生活的热爱。

他的爱情诗更是别具一格：清新自然、优美

细腻，真淳纯朴、绚丽多姿，格调高雅、精致隽永，一如温柔清丽的月光，充满着梦幻般的恬静。

在这部诗集中，诗人向我们倾诉了他的热情、梦想、愤怒、忧郁、柔情、痛苦、欢乐、希望、哀伤……

读者在品读之余，可赏析诗作中精妙的情感内涵，并从中获得诗人那颗火热的心所给予的真诚的力量。

编者

目录

图书在版编目（CIP）数据

文爱艺爱情诗集 / 文爱艺著. --11 版 --
北京：北京航空航天大学出版社，2018.9

ISBN 978-7-5124-2824-9

I. ①文… Ⅱ. ①文… Ⅲ. ①爱情诗 – 诗集 – 中国 –
当代 Ⅳ. ① I227

中国版本图书馆 CIP 数据核字（2018）第 219068 号

文爱艺爱情诗集

出 版 人：邓永标
责任编辑：曲建文　舒　心
责任印制：刘　斌
装帧设计：安世鹏
插　　图：威利·波加尼 + 哈姆泽夫·阿卜杜拉·卡尔 + 罗丹 + 波纳尔等
书　　法：野　岑　陈新文
出版发行：北京航空航天大学出版社
地　　址：北京市海淀区学院路 37 号（100191）
电　　话：（010）82327034（总编室）　（010）82317023（编辑室）
　　　　　（010）82317024（发行部）　（010）82316936（邮购部）
网　　址：//www.buaapress.com.cn
读者信箱：bhxszx @163.com
印　　刷：北京雅昌艺术印刷有限公司
开　　本：880 毫米 ×1230 毫米　1/32
印　　张：8.75
字　　数：69 千字
版　　次：2018 年 9 月第 1 版
印　　次：2019 年 10 月第 4 次印刷
定　　价：99.00 元（精装版）

如有印刷质量问题，请与本社发行部联系调换
联系电话：010-82317024

文爱艺爱情诗集

第十一版

青春的花环
留迹芳远

请写下您
自己的诗篇

文爱艺爱情诗集

朗诵版，聆听，请扫码

诵读者

小薇

诵读者　小薇

禅意·中意文化交流协会秘书长

海南影视家协会会员

世界旗袍文化传播使者

中华诵读联合会会员　多个平台主播

原海南省广播电视总台综艺节目资深导演　导播

书画展策展人　现旅居意大利

诗天然地与爱情互为表里，如同鲜花天然地散发出芬芳。爱情是诗的代名词。崇高的爱情天然地与崇高的诗联姻，爱情诗是它们的宁馨儿。

我在爱情的体味中，采撷下这些随手可触的果子，是否已成熟，需您一一甄审，待重印时，再做修订，力争它在您的甄别中剔除那些对爱情无益的东西。

——选自《文爱艺爱情诗集》（第 10 版）

二

爱情是永远也吟咏不完的韵，它张扬在人生的道路上，成为人生不可缺少的精神滋养。不同的爱情，将塑造不同的人生；崇高的爱情成就崇高的人性，畸形的爱情扭曲人性。

理性与情感，不是天敌；理性是情感的升华，情感是理性的基础。

爱情既不是人生的全部，也绝非可有可无。

我们在人生的道路上，畅饮爱情的琼浆，如同沐浴阳光；我们吟叹爱情的神奇，如同感受生命的玄妙。

爱情的精神内核是无私，是对异性所散发出来的天然之美由衷的无私倾慕。我们陶醉其中，完成人之所以为人的全部，它既是动物性的，又是人性的；动物性是其本能，人性亦是其本能。我们在爱中，奉献出我们的全部热情；我们在情里，尽享生命的无限乐趣。

一

我愿是清泉，盈溢喷洒，化为诗的花瓣，寄奉给你；让爱的琴音，治愈伤痛，滋润心田。

我愿我的文字，是夏日的清露，润解渴望的梦寐，是爱的琴音，驱逐心中的郁闷。

我愿我是黑暗中小小的烛光，照你在孤寂的心海里畅想；别让香魂消沉死海，请把它带到你应该去的地方。

我愿是一朵无名的小花儿，不与群芳争春斗艳，把荒野和山涧默默装点。

爱是人间最纯洁的和解，请把它带到你应该去的地方。

——选自《文爱艺散文诗集·太阳花》（第9版）

跋

爱在爱中
甜蜜着伤痛

彼岸花
寂寞红

后语

5 2

日子在岁月里留下年轮……

日子在岁月里留下年轮
你的节奏，我的节奏，相逢在风中

雨打湿心田，思绪
如春潮纷涌；雷灌满
我的灵魂，你将我淹没

小鸟悄然停落，我们的视线
集中于一点，声息以沉默相许
沿着宁静，立于枝头，它的羽毛
这色彩的天使在我们的注视里鲜艳

当飘雪纷纷落下，这神奇的白色精灵
从遥远的天际莅临，像是道别后的早安
忽然长出翅膀，相约，相约在天地间沉沦

假如，幸福也像它一样
谁是因，谁是果；寒风抵御着冷漠

假如青春也像
它一样注定是
用注定是果实寒风
抵御萧漠

纤云在月光的梭线上……

纤云在月光的梭线上
编织着银色的花边
袅袅升腾的思念
在芬芳的雾霭中，急切地旋转

天高云低的林边草地上
蟋蟀吞噬着寂静
月朗星稀的夜幕，复述着冷漠

呆立的树，风立枝头
凝神驻足，避免惊扰的罪过

饱经风霜的脸……

饱经风霜的脸，写满沧桑
时光在奔流中，掀起波澜

平静是平静的心愿
辉煌是辉煌的绚烂

只有这样的日子
才会成为纪念

也许，也许有那么一天
所有的欢颜都将变为冷漠

不去丈量攀援的峰顶
不去追逐山涧的溪流

怀着一颗欢乐的心
不在孤零的海边忧愁

饱经风霜的脸写
满苍桑时光在奔
流中掀起波澜
平静是平静的
心愿

爱在爱中……

爱在爱中，成为被俘的伤痛

初绽的芬芳，会忘却你的姿容

沉迷，阻隔你的手

触碰，朦胧瞬间，失去影踪

LEX·CABANEL

独坐爱情之外……

独坐爱情之外，丈量不敢涉足的风景。

想千年痴痴怨怨、怨怨痴痴，有几多杨柳岸的晓风残月，不被浸染？

来世的情思，并非今生的前缘。

有几多春悲秋恨的花，把四季一一妆点？

坐禅中，看人间万家灯火，打在窗外；

圆也罢，缺也罢，都首尾无边。

爱情，在少年是梦，在少女是幻……

昭示是缘，禅外的是禅内的潇洒，了悟了并非开怀。

想尘世，有几个人的脑袋，逃脱过流言的石块？

昨日的海誓，今日的山盟，常在月黑风高日，丢在宫墙外。

独坐爱情，只有洒脱的风在外。

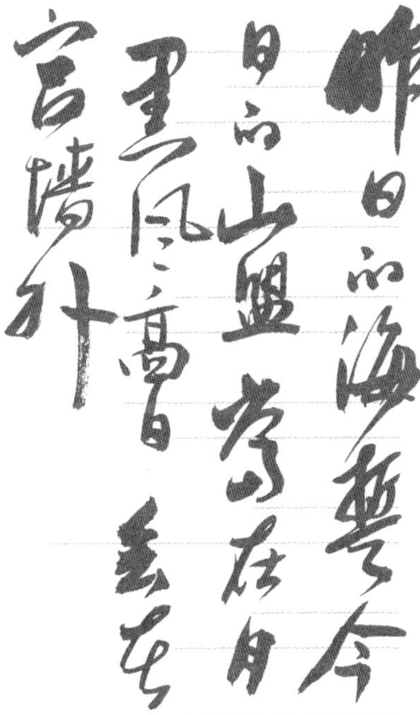

月光在沉睡的夜色中流连……

月光在沉睡的夜色中流连
带着相同的注视
在相怜的情怀中失眠

像是对抗孤独
月在夜的网罗里把自己的清辉洒遍

这是一阵无声的交谈
时间诡秘地似乎已经逃避

但是我却不能将自己散开
像它那样把长夜消解

只有凭借形体
在漫漫风烟的彼岸承接它的含义

但是到了行期
我们依然要承受分离

在时间长长的链条上
我们谁不是过路的人
谁又能躲过它的遗弃

星星在无边的天际闪烁……

星星在无边的天际闪烁
一个又一个的梦，在一夜又一夜间消磨

星光在闪亮的背后
隐藏着黑暗

漫漫的人世，有几多能说得清的悲欢
翻遍了他人的故事，自己也将被他人观看

寂静，是喧嚣的结果
所有的指向，终将收场

缓缓地，缓缓地，日子在循环中展开
急切地，急切地，生命从阵痛里来

真理的获得，需付出痛苦的代价
精确的数值取决于你忍受的程度

其实世上根本就没有机密
越是隐藏，就越是张扬

即使不设防，也依旧有记忆存在
蓝色的蓝色的天，绿色的绿色的海

回头看看走过的路
应该沉睡在遗忘中

不要诉说你的辛酸
死亡把一切都掩埋

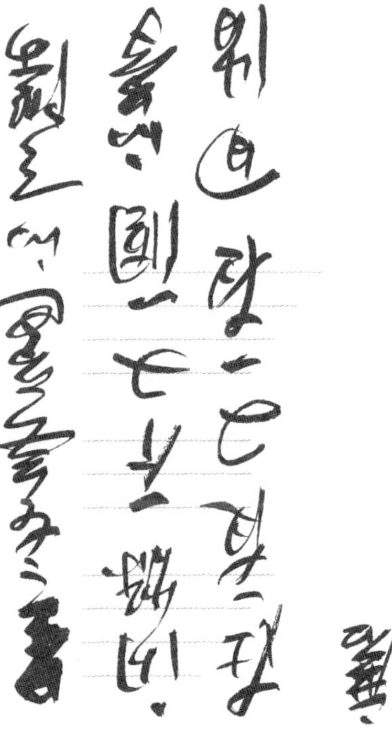

茶

蜷缩的躯体
停卧在憔悴里
任人把玩的命运
似乎生机成为过去

投入沸腾的水中
立刻就伸展肢体
呈现更新的生趣

恬静幽然的形态
是你涅槃后的清醒
一缕馨香淡淡的悠远
仿佛流逝在花里的记忆

Willy Pogany

爱情，是生长着的风……

爱情，是生长着的风，吹来又飘去；
在狂热的驱使下，它裸露出情感，
显示出思想的深沉，
离去，又使它呈现出迷茫。

在它的初始和终结，
命运注定了它的孤单，
就像是花，
盛开，鲜艳，而后凋亡。

怜悯不是爱情，
它只能使你陷入更为深入的迷失。

爱情，这无名的生存火焰，
不是它席卷你，就是你抛弃它，
而最终你依然在它的里面，
直至你悄然长眠。

这宿命的生存的奢侈品，
成为永恒的诱惑，贯穿整个生存之中。

死去，复生！

惊醒、震颤、沉寂……

只是它席卷你
就是你抛弃它
而最终你依然在
它的里面

芦丛在堤岸……

芦丛在堤岸
问路的柳枝
也越过荒草
在水中无主

江上柳叶沉浮

挂在柳梢的不是弯月

是甜腻的水草，在风中发霉

像是听倦了岁月的涛声

在古铜镜上打盹

入梦在西厢里
那满满的月光
是凝冻的相思
冰寒而且冷酷

我读懂了你的许诺……

我读懂了你的许诺
无奈山重水复
阻隔了你我

那不期而至的飘雪
如层层纷飞的情思
在无边无际的空中
报道你离去的消息

仿佛候鸟
无论怎样挽留
也无法挽留岁月的催促

仿佛候鸟
无论怎样挽留
也无法挽留岁月的催促

时间的积雪……

时间的积雪
把你的美丽掩盖
墓穴无法把记忆深埋

回忆是那样的清晰
遗忘像一朵蓝色的小花儿
沿着岁月的沟壑在风中轻轻摇摆

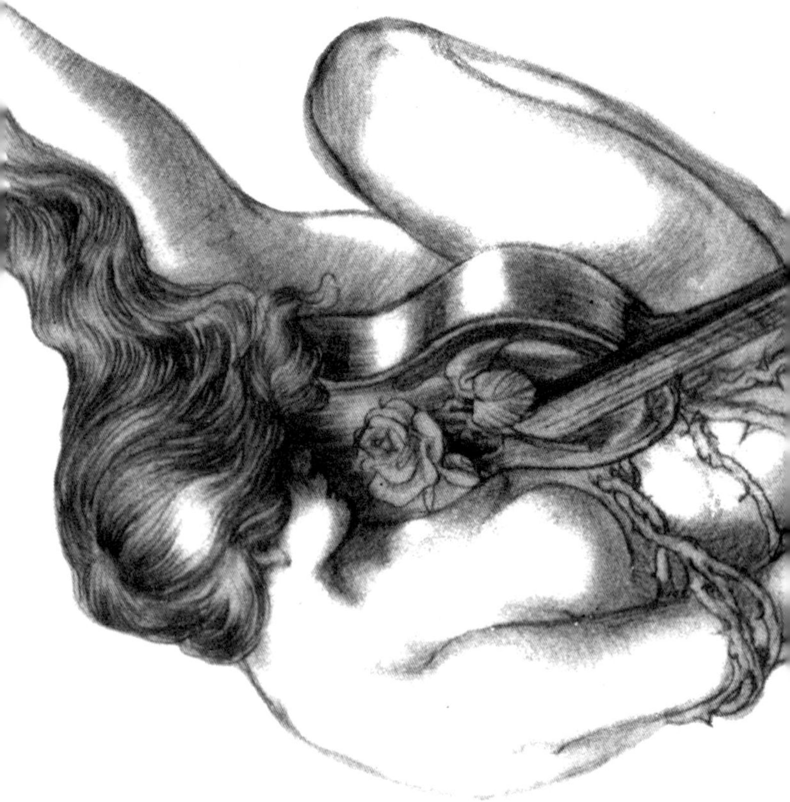

4 0

初恋

是一首纯而又纯的诗，

一种可望不可及的企盼，

流泪的开始，也是流泪的结束。

是微笑，是永不磨灭的记忆，

是信念的终结，也是信念的再启。

带血，带泪。

烙印心底。

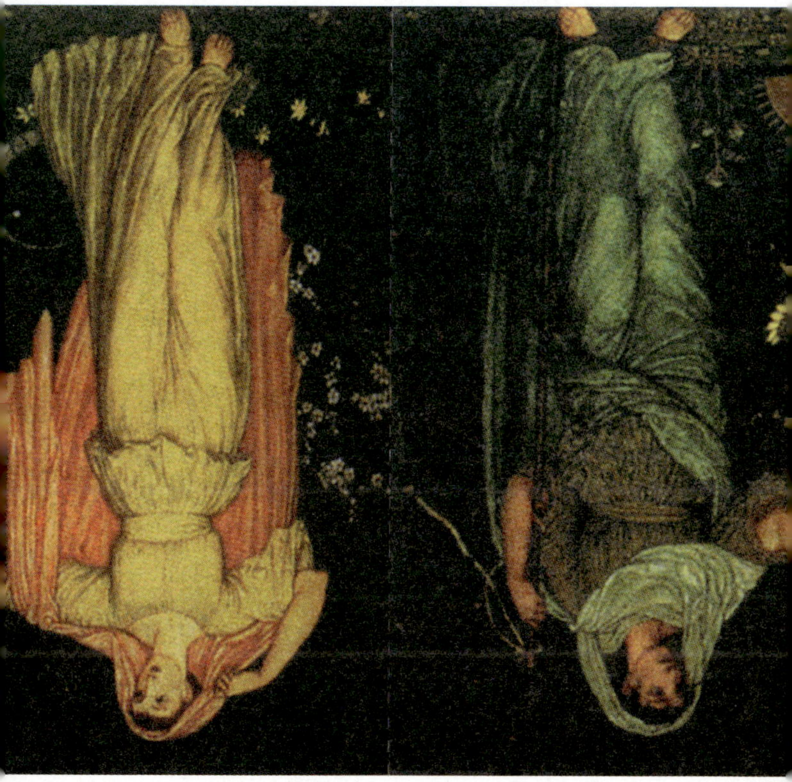

3 9

相思枯萎在秋的荒野……

相思枯萎在秋的荒野

为了寻找被风吹散的种子

在寒冷的孤独中

走遍所有的孤独和寂寞

为了学会遗忘

我把一只脚，放在冰水里

另一只脚，放在沸水中

为了寻找被风
吹散的种子包裹
冷的孤独中飞
遍所有的孤独和
寂寞

失去了什么……

失去了什么？失去了什么

月圆之夜，降落的枯叶

夜空里经受着寂寞

星星是调皮女人的眼

在水面上游荡

是什么

是什么在波动着惆怅

苍老的槐树，在汉水堤岸的寂寞处

饱经沧桑

枯叶，雨点一样

落在地上，落在地上

谁是不止的风，谁躲过了生命的摇晃

3 7

春天是从泥泞中……

春天是从泥泞中，走过来的闪光

欣欣然，仿佛痛苦已经遗忘

月光恰似精酿的黄酒

跌跌撞撞地洒了一路

谁是它的醉客，睡乡里是谁的温柔

遗忘了许多，哪一些是不该的遗忘

回答了谁的疑问，又为谁抹去遗恨

谁的枕边，能温柔地说：我们

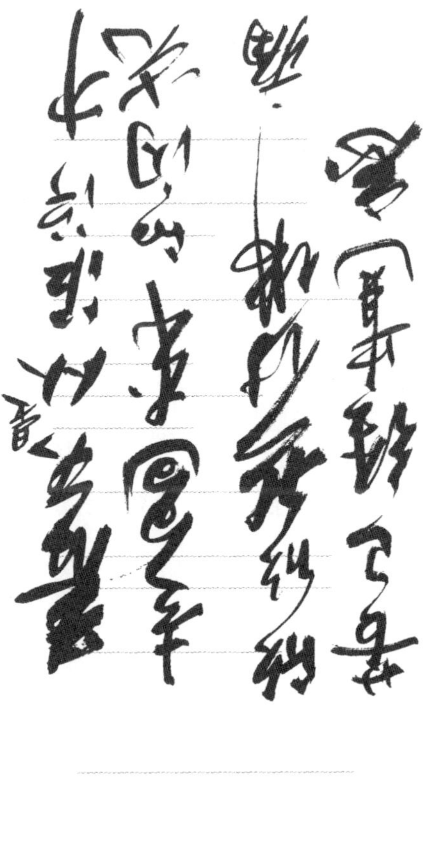

仰望着渐渐消失的红日……

仰望着渐渐消失的红日

它的光明不会因离去而憔悴
消失也不会停留在它的心里

没有人愿意，倾听伤悲

浩瀚的星群啊
没有一滴一滴的光亮
怎能构成荣光

没有人能永久地，在深夜里守望

万物都在循环中
谁能够永久地把自己伪装

没有离去，也就没有看望

名古屋的秋天……

名古屋的秋天
深吻成鲜艳
芳泽入骨

通透的空中
朵朵浪花
风吹透

茫茫人海
翻滚在
邂逅

彼岸花
凋零
红

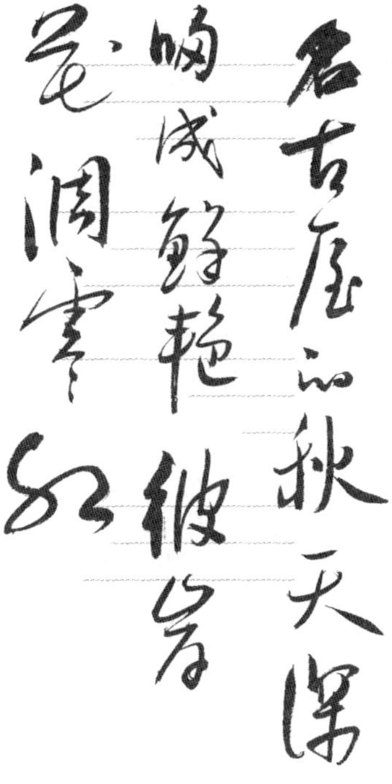
名古屋的秋天深
呐成鲜艳彼岸
花润云红

我从落叶的身旁走过……

我从落叶的身旁走过
耳边有落叶的叹息
一切都已经过

我从星星的下面走过
天空是美丽的脸
有你的微笑在闪烁

雪花从我的眼前飘过
纯洁瞬间
栖落

你从我的心中经过
像流过的一条河
奔腾着无限的广阔

3 3

秋天的故事

爱情的霞光在冉冉的波涛中流连，

田野里阵阵悠扬的心曲激然回响，

梦幻带着青春的倩影，

在处子的心中荡漾。

霞光辉煌，印在秋叶的金络上。

天穹高远，恰似如梦的遐想。

爱情在青春的小河里游畅。

秋风打着唿哨，送来夜的微凉；

月是一轮碧波，拍打在心上。

爱情的霞光在冉冉的
波涛中流连田野里
阵阵悠扬的心曲激荡
回响

爱在心灵的花丛中开放……

爱在心灵的花丛中开放
如同月亮在无云的天空

时间是一具脸谱，月光也照不透

千年的洛水之波，百年的前缘之盟
都在时间的催促下，匆匆成梦

3 1

在秋日的晚风里……

在秋日的晚风里，

月亮像一位痴迷的情人，

在相约的千万年后，

依旧等待着负约的恋人。

星星们不解地闪动着眼睛，

寻思着悬挂了千万年的这个谜。

思念是什么？

夜空为何因它而明亮？

爱情是什么？

黑暗也为之浮现奇观。

为了相聚的欢恋，

不知还要悬挂多少年。

生命却因之而美丽。

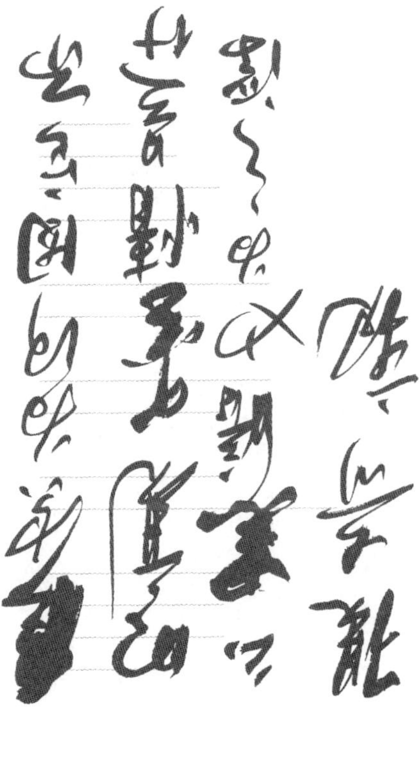

成都中秋下雨……

成都中秋下雨
路上没有人的影踪
偶尔有辆的士穿过
匆匆地，招手不停

府南河，依旧还是旧时的面目
流不尽的浊水悠悠

像是看不透的月光
我在思念的雨水中忧愁

你的心是否平静
是否偶尔也能把我想起

年年都有中秋节
并不是年年都有月
所以思念的心
悬在空中

2 9

秋

经历了春天萌生破土的艰辛
饱尝炎热的扭曲与伤害
也曾有过无望的迷失
但成长的欲望仍破土般坚强

成熟不再张狂
但内心的热情
仍像成长一样

不炫耀萌生的欢畅
也不将喧闹的夏日诋毁
一切经历的风雨，都是成熟必须的过场

不再想危险是考验
坦然地面对一切
就像美酒，勇敢地经过沉重的发酵
才拥有醉人的芳香

我變不再張狂
但內心的熱情仍
像我長一樣

像风吹过孤独的枝干……

像风吹过孤独的枝干
在夏天的最后一个黄昏
暮色降临如雨

遥远的群山
像一声召唤
一闪而过

我怀念你
像孤灯熄灭的夜晚
闪亮的心

落完叶子的枝头
孤零的风
把你的余温吹散

2 7

成都的雾蒙蒙的天气……

成都的雾蒙蒙的天气
伸手就可抚摸住你的温柔

你的美渗透在岁月中
仿佛看不透的河流

变了心的朋友，就像寻源走到了尽头
疲惫的心，怎么也无法抓住

就像是没有走过的路
我久久地停留在成都

为了看遍你的丰富
我的心也做了停留

为什么我的心里有忧愁
因为我无法把你带走

2 6

夏夜闪着流萤……

夏夜闪着流萤，寂静的日子啊，

什么样的爱情，这样来临？

安详的痛苦，从夜里游来，

把我擦亮，我紧紧地拥抱着你。

我的心森林般成长，

成长成浪漫的大树，

有柔水的雾和紫薇的清香。

在什么地方，在什么地方？

我吻过谁的唇？

挽着谁的臂膀睡到天亮？

何处是你的雾，

你的风，

你的紫色的天空？

何处是你的雾
你的风 你的
紫色的天空

轻轻地触摸你的感觉……

轻轻地触摸你的感觉
不让你的灵魂知道

在这美好的地方，让时间留下光影
让幻想穿过时空的树栏

轻轻地恣意触摸
让灵魂在触摸中颤动

你是我的浪漫
你是我的幻想

在一个疯狂的时代
我拥吻你

在一个连灵魂都出卖的时代
我追求浪漫

2 4

贴紧我的胸窝……

贴紧我的胸窝，
亲爱的手似温柔的小羊；
在这个世界憩息一会儿，
你的甜睡是个谜。

我想每天刻一个微笑，
在世人的脸上，
然后走进他们的心里，
像燃烧的火苗。

一排排皱纹未开的脸，
闻着一束微弱的光线，把幸福梦想。

如果太阳无法穿透过来，
希望微笑能把他们照亮。

如果太陽
無法穿過雲來
希望微笑
就把他們照亮

是什么让我在你的梦中沉醉……

是什么让我在你的梦中沉醉不醒
又是什么让你久久遗留在我心里

仿佛是聆听召唤
我在思念你的这一边
把你想起

又似乎是犹豫
你在易忘的那一边深藏着你的机密

能看见你美丽的身影
能听见你美丽的话语
你心中的秘密却怎么也无法破译

怎么才能把你忘记
你是否听见夜的声音

2 2

似乎是等待……

似乎是等待
重逢时的幽香
在心中荡漾

我感到了你的美丽
在我的心中成长
像永不停息的海浪

我听到了生命的召唤
仿佛你就在我的眼前

为了一个祝愿
我在思念的海边
把思念一一溶入大海

为了这个祝愿
我又把思念的海
一一地还原

我感谢了你的美丽
在我心中成长
像永不停息的
海浪

听到你的声音……

听到你的声音，仿佛痛苦已经成为回忆

离去，留下的是百感交集

痛苦中，做着香甜的梦

明月代表不了我的思念，孤独本来就没有言语

看一看灰蒙蒙的天，今晚会不会又下起伤害你的雨

听到你的声音，像听到遥远的回忆

想一想梦境，痛苦真的会成为过去

喧嚣的城市，挤满了污浊的空气

成群结队的人们，在欺骗中把纯洁枪毙

我听见了岁月的哀叹，它改变了人们的容颜

能否长出绿色的手臂，为你开辟无瑕的美丽

听到你的声音，似乎痛苦已经痊愈

2 0

爱情是一种欢乐……

爱情是一种欢乐
当灵魂悄然而至

你的心是否，也同我一样跳动

其实所有的悲欢
最终都将归为一种回味

如同艳阳西至，那濒临的满满新月

怀着对你的思念入梦
情敌夺不去，死亡夺不去

你也夺不去

其实爱情，终归是缘
无法逃避，无法绳锁

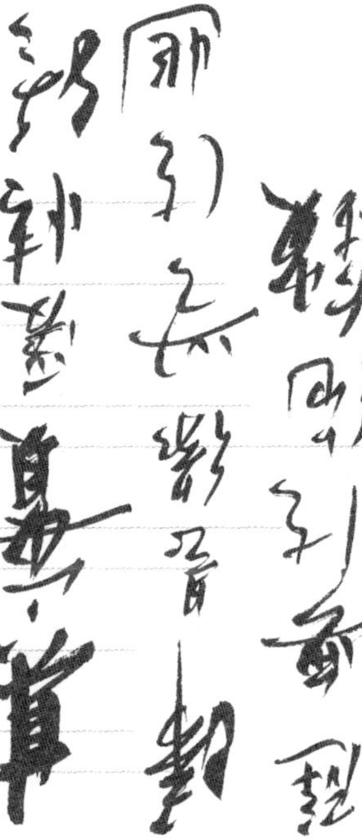

月亮

无数个孤独的凝望中
你成为我心空中

一轮寂静的明亮

千年不灭，万年不灭
你造就了无数个美丽的幻想

春江花月夜的潇湘，秋窗风雨夕的淅沥
都无法消磨你无尽的清波

一片孤独中
你发出一声悦耳的美丽

明镜如湖，清新如雨

18

六月的晚风里……

六月的晚风里，有你的影子
寂寥的星光，闪烁着思念

叶子唱着歌，给花儿一个秘密

相思是一个不醒的梦，在痴迷的心里

流走的是水，流不走的是思念

黑夜是一张网
思念，被无星无月的风收藏

相思是一个不醒
的梦在你遥远的心里
流走的是水流不走
的是思念

星星在天上……

星星在天上
画出一条思念的路

从此星空，不再宁静

那纷纷的星语
起自黄昏，又透过黎明

在天上飞，在地上跑

1 6

大地宽广，天空辽阔……

大地宽广，天空辽阔
日沉月浮一瞬间
我们都在有限中匆忙

疲倦后沉睡
星星也会闭上眼
春去了又来
日子依旧在季节里面

看清了多少事物
哪里没有伤心的泪
何处能躲避烟尘
静静地凝视晚霞的美丽
它瞬间就会了无影踪

走遍了大地的山山水水
日落了黄昏
日出依旧是早晨
想把牵挂的心抛弃
无数的思念
却似怒云纷纷涌起

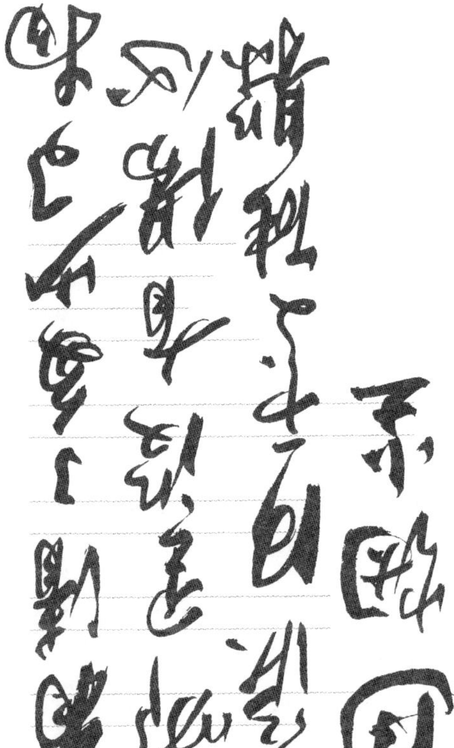

我要狂热地把你追求……

我要狂热地把你追求
就像时间的翅膀不会停留
让世上的一切都为你祝福吧
你的名字将与我的诗句一同不朽

愿我的歌声掀起你心中的波澜
就像季节里天然地盛开的美丽

为了甜蜜能在你的心里闪现
我愿承受人世间的所有苦难

为留下你的温柔，我守望在时间的门口
我的思念就是决堤的、不止的滚滚洪流

我的心是一只小小的船
停留在你的海岸
晚风吹动你的头发
那是我的思念在扬帆

14

我的灵魂是火焰……

我的灵魂是火焰
皆因你的点燃
你从遥远的梦中走来
从此再也不能离开

你在我的灵魂中
铸成赤诚的钟
我的身心里时刻都会
有你的声音在跳动

你的影子化为涛声……

你的影子化为涛声在我的青春里起伏
火热的召唤像无形的波浪汹涌中呈现

你我如花灿烂，灵动的蝶影彩翼浮现
所有的企盼都涌动在这变幻的季节里

当鬓发如银，寒冷飘雪一样忽然而至
沉寂的老街深巷是否还能响起这涌动

美丽的，美丽的梦会成为美丽的忧伤

你的歌声化为涛
声——在我
的青春里起伏
火热的召唤像无形
的波浪汹涌而
呈现

无语悄然的早晨……

无语悄然的早晨，是多情的早晨
你还没有醒来，她已在你的窗前低徊

早晨的心事，同你的心事，最好深埋

早晨越过无数个夜的栏杆
因此它的身影格外开怀

如果你想许愿，此刻最灵验

夜是爱的花园
情在无言中结果

如果有风，甜蜜才不易错过

把心溶入风……

把心溶入风
无处不在
温润你

我消散
我的灵魂
依然佑护你

把心溶入风风无处
不在温润你我消
散我的灵魂依
然守护你

黄昏走进雾迷的森林……

黄昏走进雾迷的森林
就像你走进我的心

欲落未落的夕阳
似你含烟笼雾的眼睛

爱情是一个谜，一个谜底常换的星谜
看似美丽涉足易入陷阱

我羡慕夜的眼睛
能拥有所有的谜底

在每一个迷醉的时刻
无须困惑于瞬间即逝的幻影

我对你怀有深情
其实你不懂我的心

被爱情俘获的眼睛
总缺乏世俗的精明

60

相思……

相思是难言的忧伤
行去总无因由

无因由进入心房
把心底任意窥视

无边的云
无边的雨，都浸透相思

在田野
在山岗

在无边的
无边的空中

无边的云无边的雨
都浸透相思
在田野在山岗
在无边的无边的梦中

像呼唤你的名字……

像呼唤你的名字
风一阵阵吹
如雨后的春潮，盛满旷野

只有大地无言
在无边的静默中
俯视夕阳，使树生长成怀念

07

夕阳灭了……

夕阳灭了，星星开始吟咏寂寞的声音。

在河畔宁静的水底，月光伸出求爱的手臂。

远处传来阵阵叶的细语，那不是松林里的幽香，
是月光轻柔的呼吸。

追逐着月光痴情的身影，
夜的时光流逝在我的心底。

西边的天空渐渐苍白，像岁月的老人。

月光的手臂渐渐逼近，似重逢的恋人。

风在呼唤，光在呼吸，宇宙笼罩在神秘的大气里。

那是爱的隐情，
生命的秘密。

在这黄昏的微风里，
落日在聆听，我也在聆听。

我听见了无数的悄声细语。

那是生命的秘密。

在這茉香的微風里
落日在聆聽我也在
聆听我聽見了無
數的情[illegible]

細濤

繁星烁烁……

繁星烁烁，汉水溶入你的眼波

爱情不能说，思念是一种甜蜜的折磨

拂不去的恋影，如午夜星河

未圆之月，放映寂寞

0 5

将思念铸成月……

将思念铸成月
高悬空中

月光，月光
月光无所不至
你的眼波也辉映在光亮里

像悄然开放的花朵
夐古悠长

柔和在你的脸上
不经意地刻在心里
万种情丝如万种思念倾泻

倾泻，倾泻
倾泻在空中

于是夜空都充满了梦
成为美丽的睡城
在银河的臂弯里起伏

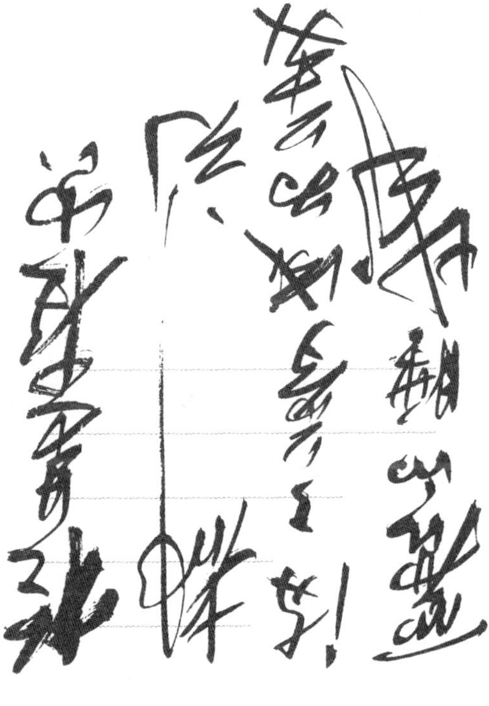

假若留意……

假若留意，你会发现

遍地皆是我对你的思念

我的情思，充溢在四季的风中

凝成相思的种子，结穗落尘，随风遍植

无论何时何地，都有着它的根系在蠕动

0 3

雪花……

雪花，夜深人静，来到人世；

它并不知道飘向何处。

然而，它的降临，
却使荒芜的丛林，重添幻影。

一声：“下雪了”
心底蓦然一阵难言的空虚。

雪花并不知道为什么飘向这里

却在无意间，构成梦境。

雪花無心知道
为片塵飄向遠
足印一生萦之间
構成夢境

你无意间从我的眼前掠过……

你无意间从我的眼前掠过
我的灵魂被你深深地创伤

岁末的冬雨
在空中飘荡

日子
日子是什么

雪花在尘烟中孕育
融化的声音
是否意味着对岁月的清醒

可以看透四季的风
却看不清自己的面容

多少个丢失
陷入其中

不舍的情绪盛满了大街小巷
高高的塔楼也被深深地掩没

10

心中充满了爱情……

心中充满了爱情，
满天的星星闪动；

他们互相传递着爱的声音，
在这寂寞的夜空。

不懂他们的语汇，
听见了他们心的跳动。

倒影在水的峡谷，
静静地躲藏起来，
他们说着悄悄话。

如果眼睛能发芽，
一定长成参天大树，
去探寻柔和的悄声细语和爱的秘密。

时间的骏马，
拍打着喝水的月亮，
遥远的星星召唤着爱的思想。

献 给

用下页模切心刀沿挑线划开

即可欣赏精美插图

本书分 4 个部分，四季隐寓其中

52 面金色波纹笺
请留下您的痕迹

岁月的金色倩影
就在您的笔下

阅读指南

月亮是宁静的火焰
在空中点燃

它焚烧的
是怀念

前言

60 多部诗集中精选出来的。收入其中的 52 首爱情诗，不论是写初恋的甜蜜、热恋的激情，还是写相思的缠绵、思归的热切，不管是写相恋的刻骨、相遇的欢乐，还是写别离的寂寞、失恋的痛苦，都是发自肺腑的真情实感，没有无病呻吟，没有矫揉造作。

适应市场，追求艺术，抒发真情，这三者的结合，形成了文爱艺爱情诗创作的特点。

适应市场，使他的诗能够符合读者的需要；追求艺术，使他的诗具有审美价值；抒发真情，使他的诗能够引起读者的心灵共鸣。

文爱艺的诗能够打动那么多读者的心，多年来受到他们的喜爱，原因大约如此。

凡夫

还具有物质产品所不具备的精神文化属性。这就要求文学家不仅要遵循市场规律，还得遵循文学规律。文爱艺懂得这个道理，所以他的诗歌创作没有走弯路。当“朦胧诗”“黑色幽默”“人体诗”等诗风盛行的时候，他没有随波逐流，而把对生命有益的内容纳入创作中并作为自己的基本信念。正是这种追求，终为他的诗歌赢得了极大的市场。

文爱艺诗歌的大众化，不是媚俗、流俗，而是建立在“雅”的基础上，是大雅大俗、雅俗共赏。

从他的爱情诗中，我们可以看到他对古典诗词的研习，对优秀传统民歌的吸收，也可以看到他对外国诗歌和当代民谣的借鉴。

文爱艺的诗，是吸收古今中外诗歌创作的精华而自成一家的。

读文爱艺的爱情诗，就像听通俗的钢琴曲一样，在轻松和愉悦中，得到一种精神美和艺术美的享受。

文爱艺的这部爱情诗集是从他多年创作的

谁会想到，短短几年时间，情况就完全发生了变化。过去的卖方市场一下子变成了买方市场，全国的工厂、商场像雨后春笋般，每天都会冒出一大批；文学刊物也由原来的几十种发展到几千种。人们买产品要看品牌，要挑三拣四；买精神产品同样要看品牌，要挑三拣四。这样就把一个严峻的问题摆在了出版者和文学家的面前，就是让市场适应你，还是你来适应市场。凡是固守前者的，都被市场经济大潮无情地淘汰了，而明智地选择后者的则生存下来、发展起来。

文爱艺步入诗坛，正是计划经济向市场经济过渡的时候。初出茅庐的他，几乎没有什么犹豫——毅然把写作作为终生职业。这使他比较早地适应了市场经济这一大环境。他的 60 余部诗集，其中 40 多部都收录有爱情诗，这正好满足了恋爱者对诗歌的要求。由于“产销”对路，文爱艺诗歌创作步入良性循环的轨道。他的诗集畅销，出版社也乐意出版。这样他就可以把更多的精力集中在提高作品的艺术质量上……

当然，文学产品毕竟不同于物质产品。文学产品除了具有和物质产品同样的商品属性外，

文爱艺的诗，受到读者的欢迎，持续畅销30多年，不能不说是一个奇迹。

诗歌经过一段时间的大红大紫后，不知怎么忽然被读者冷落了。许多报刊不愿发表诗；许多出版社不愿出版诗集；许多原来爱诗的人不愿再读诗；曾经红极一时的诗人，有的迫于无奈改换行当，转身写小说、散文、电视剧本去了……

就在这个转变时期，诗坛冒出了一匹“黑马”，他的诗集出了一本又一本，现在已经累计出版了60多部。

现在商界流行一句行话，叫作“没有疲软的市场，只有疲软的企业；没有疲软的消费，只有疲软的商品”。这话同样适用于文学创作和文学工作者。

20世纪80年代前，开店、办厂只愁产，不愁销。那时，生产力水平低，物资少，好多物品需要排队买、凭票购。同样，文学刊物也只有可怜的三五十家，几亿读者都读这么几十种刊物。如果谁的一篇小说发表在什么刊物上并获了什么奖，他便会一举成名天下知。

十二

无语悄然的早晨……

十三

你的影子化为涛声……

十四

我的灵魂是火焰……

十五

我要狂热地把你追求……

十六

大地宽广，天空辽阔……

十七

星星在天上……

十八

六月的晚风里……

十九

月亮

二十

爱情是一种欢乐……

二十一

听到你的声音……

二十二

似乎是等待……

二十三

是什么让我在你的梦中沉醉……

二十四

贴紧我的胸窝……

二十五

轻轻地触摸你的感觉……

二十六

夏夜闪着流萤……

二十七

成都的雾蒙蒙的天气……

二十八

像风吹过孤独的枝干……

二十九

秋

三十

成都中秋下雨……

三十一

在秋日的晚风里……

三十二

爱在心灵的花丛中开放……

三十三

秋天的故事

三十四

我从落叶的身旁走过……

三十五

名古屋的秋天……

三十六

仰望着渐渐消失的红日……

三十七

春天是从泥泞中……

三十八

失去了什么……

三十九

相思枯萎在秋的荒野……

四十

初恋

四十一

时间的积雪……